AF603332

LES

OISEAUX

BIBLIOTHÈQUE **COLORIÉE** POUR LA JEUNESSE

LES OISEAUX

PAR

NAPOLÉON ROUSSEL

PARIS

GRASSART, LIBRAIRE-ÉDITEUR

3, rue de la Paix, et rue Saint-Arnaud, 4

1862

LES OISEAUX

Il y avait une fois un monsieur qui avait beaucoup voyagé, lu bien des livres, souvent regardé autour de lui voler des mouches, s'ouvrir les fleurs, courir les bêtes et babiller les hommes; à tel point que ce monsieur avait la tête remplie d'histoires et d'aventures qu'il désirait raconter à quelqu'un. Mais à qui? A vous, mes petits amis, juste assez savants pour les lire.

Il y avait une autre fois un autre monsieur, père de famille, habitant la campagne et partant pour la ville. Il dit à son jeune fils : Veux-tu que je t'apporte quelque chose de Paris? — Oui, papa. — Veux-tu un joli livre? Oh! oui; mais pas un livre *agréable et utile!* — Pourquoi? — Parce que ces livres-là sont ennuyeux. — Alors préfères-tu que ton livre soit seulement utile? — Non, j'en ai déjà. — Te le faut-il donc uniquement agréable? — Oui, je n'en ai point de ceux-là.

Eh bien! mes jeunes amis, c'est précisément le livre demandé par cet enfant que je me propose de vous donner dans mes causeries. D'abord il y aura des histoires, des histoires vraies, des histoires intéressantes ; des histoires sur les hommes et sur les bêtes, sur les fleurs et sur les fruits ; enfin des histoires dans tous les genres et de toutes les couleurs. Il y aura même là du plaisir pour ceux qui n'aiment pas beaucoup à lire et qui préfèrent regarder des images. Le tout sera varié comme l'arc-en-ciel, coloré comme les fleurs et gai comme les oiseaux ; c'est par les oiseaux que je vais commencer.

LES NIDS

Une fois il y avait des oiseaux....

— Mais il y a toujours eu des oiseaux ?

— Comment, tu crois que cet oiseau-là perché sur l'arbre a toujours existé ?

— Non, mais avant, il y avait son père.

— Et ce père, d'où sortait-il ?

— D'un œuf de moineau.

— Et cet autre oiseau ?

— D'un autre œuf.

— Mais d'où vient le premier moineau ?

— Du premier œuf.

— Et le premier œuf ?

— Ah !

— Eh bien ! mon ami, le premier œuf vient du Créateur. Les oiseaux ont donc commencé, et de même que j'ai dit : une fois il y avait des oiseaux, j'aurais pu dire : une fois il n'y en avait pas ; une fois il n'y avait encore que Dieu. Mais j'en reviens à nos oiseaux, et avant de vous parler d'eux, je veux dire un mot de leurs maisons.

— Est-ce que les oiseaux ont des maisons ?

— Sans doute. Seulement ces maisons s'appellent des nids. Il est même des nids d'oiseaux faits d'argile et de boue, qui rappellent ces chaumières de paysans construites en terre glaise. Ainsi, vous voyez que le nid de l'hirondelle mérite bien le nom de maison. Cela me rappelle qu'une fois une hirondelle maçonne, qui avait pris la peine de bâtir son nid-maison, fut bien étonnée l'année suivante de trouver à son retour sa demeure habitée.

— Par qui ?

— Par un moineau. L'hirondelle, se posant sur le bord du nid, pria poliment par un petit cri le moineau d'en sortir. Le moineau tourna la tête, ne répondit rien et ne sortit pas.

— Et que fit l'hirondelle ?

— Elle alla chercher un peu de terre glaise, et elle boucha l'ouverture.

— Méchante bête !

— Pourquoi méchante ? Personne n'a dit à l'hirondelle que ce fût mal de se venger, tandis que Dieu l'enseigne à l'enfant dans sa conscience. Mais vous allez voir par d'autres constructions que si les oiseaux n'ont pas de conscience, ils ne manquent pas d'habileté.

Après l'oiseau maçon, voici l'oiseau tailleur ; il mérite ce nom pour la manière dont il coud son nid.

— Comment ! il y a des oiseaux qui savent coudre?

— Oui. Vous allez le voir. Regardez au bas de la gravure à droite, et vous verrez le nid posé dans un sac de feuillage vraiment *cousu*. Observez bien ces grandes feuilles sur le devant ; voyez le point en zigzag, comme celui d'un lacet de bottine ou de corset. Ne croirait-on pas cette couture faite par un tailleur? Et cependant ce tailleur est un oiseau !

— Mais comment peut-il s'y prendre ?

— D'abord il fait les trous aux feuilles avec son

bec pointu comme le cordonnier perce son cuir avec une alène.

— Mais où prend-il son fil ?

— Ecoutez. Vous avez sans doute remarqué en regardant une feuille d'arbre à travers le jour, qu'il y a de fines et longues côtes qu'on appelle des fibres. Cet oiseau, à coups de bec et de griffes, dégage ces fibres de tout le reste, en forme un fil solide et souple ; puis avec ses pattes, il le dirige dans les trous percés par son bec dans le large feuillage ; il passe et repasse ces longues tiges et finit par construire un fourreau qui doit envelopper le nid. Voilà donc le petit tailleur, non-seulement logé dans sa robe de verdure, mais encore mis à l'abri de ses ennemis à l'extrémité d'une branche flexible où le voleur d'œufs n'oserait poser le pied et où le vent le balance et l'endort. Cet oiseau ne se trouve qu'aux Indes.

— Pourquoi donc n'y en a-t-il pas dans tous les pays?

— D'abord parce que tout ne peut pas être partout; ensuite parce que chaque créature doit avoir sa place particulière dans le monde pour y accomplir sa tâche en rapport avec sa contrée. Ainsi le chameau avec ses longues jambes qui font quarante lieues par jour, avec son vaste estomac qui contient plusieurs litres d'eau et enfin avec sa sobriété qui lui permet de vivre dix jours sans manger, ce chameau se trouve en Afrique, où le manque d'eau et de nourriture, comme l'immensité du désert, rend la rapidité indispensable au voyageur; de même des amas de charbons se trouvent dans le sein de la terre dans les pays où la civilisation devait détruire les forêts. Ailleurs les pluies manquent, mais là tombent d'abondantes rosées. Ailleurs, beaucoup d'insectes menacent les moissons, mais beaucoup d'oiseaux y mangent les insectes et y préservent ainsi la nourriture des habitants. Voyons, voudriez-vous avoir plus d'oiseaux et plus d'insectes au risque de manquer de pain ?

— Non.

— Contentez-vous donc du monde tel qu'il est, et soyez assurés que celui qui l'a fait de la sorte avait de bonnes raisons pour mettre l'oiseau tailleur aux Indes plutôt qu'en France.

Voici un autre nid. Regardez au bas sur la gauche de la même gravure, et vous y verrez au centre d'un bouquet de roseaux une petite niche comme enchâssée entre de longues tiges. Regardez de près, vous reconnaîtrez que ce nid est tressé comme un de nos paniers. Il est fait de joncs souples, entrelacés.

— Oh! j'en ai vu un semblable que papa nous avait acheté chez un marchand de corbeilles pour y mettre les œufs de nos canaris.

— Sinon semblable, à peu près ; en tous cas, cela vous montre que l'oiseau-vannier est tout aussi capable de faire cette habitation que le serait un homme. A l'intérieur, ce nid de jonc est tapissé de mousse, les œufs sont au fond, la mère dessus, et le tout s'incline vers les eaux ou se relève dans les airs, selon le vent, sans craindre les larrons, qui auraient peur de se noyer.

Après le maçon, le tailleur et le vannier, vient le tisserand. Voyez son nid suspendu aux longues et minces feuilles d'un arbre. Sur cette gravure, ce nid semble toucher au sol ; cependant, il est suspendu dans les airs. C'est une espèce de long corridor terminé par une chambre en forme de rotonde. La porte de la maison, c'est-à-dire l'entrée du nid, est tournée vers le bas, et ainsi cachée à la vue des oiseaux qui pourraient être tentés de visiter le logis. Ce nid est un tissu composé d'herbes entrelacées, mêlées, pressées par cet habile ouvrier foulon. Son travail est à la fois un feutre et un tissu. La chambrette est doublée de mousse, de plumes, comme nos appartements sont tapissés de papier ; vous voyez que la doublure de son nid est plus chaude et plus utile que celle de nos salons.

Et de combien de nids différents je pourrais encore vous parler ! Les uns formés de branches, d'autres de feuilles, ceux-ci de crin, ceux-là de laine, de coton, de duvet et même de toiles d'araignées !

— Mais où donc les oiseaux trouvent-ils tout cela ?

— Oh ! ce n'est pas chez le marchand, et il leur faut plus d'un jour pour le ramasser. Pour vous donner une idée de leur patience et de leur courage, je vous dirai que les uns vont chercher la laine sur les buissons où les moutons la laissent en passant ; le coton sur quelques plantes d'où ils savent l'extraire ; le crin à la queue des chevaux ; les toiles d'araignées partout. Mais il ne suffit pas que l'intérieur soit bien mollet ; il faut encore que le dehors soit impénétrable à la pluie. Quelques oiseaux vont chercher de la gomme découlant des arbres pour en enduire l'extérieur de leur habitation.

Maintenant, mes amis, laissez-moi vous adresser une question : Pensez-vous que les petits oiseaux aillent à l'école ?

— Oh non !

— Croyez-vous que leurs fils soient mis en apprentissage chez des maçons, des tailleurs, des vanniers, des tisserands?

— Pas davantage.

— Qui donc leur apprend à bâtir, à coudre, à tisser, à vernir?

— C'est probablement leur père et leur mère.

— Non, car leurs parents les abandonnent dès qu'ils peuvent voler.

— Alors ils savent tout cela en venant au monde ?

— Bien ; mais qui donc a mis en eux cette science, dès leur naissance?

— C'est, sans doute, celui qui a fait les oiseaux.

— Très-bien ; et je vais vous citer un dernier détail qui montre clairement que c'est un Dieu bon qui a mis en eux ces instincts. Quand l'oiseau veut faire son nid et qu'il manque de duvet pour y coucher mollement ses petits, savez-vous où la mère va chercher des plumes?

— Peut-être dans les nids de ses voisins?

— Non; elle s'arrache des plumes à elle-même pour réchauffer ses enfants! Ne reconnaissez-vous pas là celui qui a créé votre mère, se privant de sommeil pour vous soigner, se donnant mille peines pour vous instruire? Dans cet oiseau qui se dépouille, ne reconnaissez-vous pas l'œuvre de celui qui s'est donné lui-même pour vous sauver? Aussi Jésus-Christ s'est-il comparé à un de ces oiseaux dévoués. « Combien de fois, dit-il, à ceux qui refusent de l'aimer, combien de fois n'ai-je pas voulu vous réunir autour de moi comme une poule rassemble ses petits! mais, hélas! vous ne l'avez pas voulu! » Oh! mes amis, si nous étions aussi bons que ces oiseaux!

— Oui, les oiseaux sont bien bons à manger.

— Hélas, mon enfant, ta réflexion montre combien nous sommes mauvais!

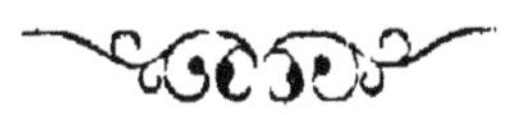

LE PAON

Nous avons assez parlé des nids, parlons des oiseaux; et, pour commencer, parlons du plus beau. Navez-vous jamais vu un paon, soit au Jardin des Plantes, soit dans un parc? Dans ce cas, regardez cette gravure. Choisissez l'oiseau qui vous plaira le plus; certes, ce sera le paon. Voyez cette belle queue, plus ample et plus gracieuse qu'une crinoline, ornée de plus de diamants que la couronne d'un empereur. Ce plumage traînant, comme la robe d'une princesse, se relève parfois dans les airs en forme d'éventail brodé, ciselé, incrusté d'yeux de toutes les couleurs. Quand le paon fait ainsi la roue, comme on dit, il redresse la tête, tend

la jambe, plus fier qu'un tambour-major. Comme le tambour-major, vous voyez qu'il porte aussi son plumet. Comme le tambour-major, il marche le premier. Son port est si majestueux qu'il semble que tout ce qui l'entoure soit indigne de lui. Si bien qu'on a tiré de sa démarche prétentieuse le mot *se pavaner*.

— Oui, on dit : « Orgueilleux comme un paon. »

— Je crois que c'est à tort.

— Pourquoi ?

— Je vais m'expliquer. Vous savez qu'en parlant d'une montagne dont le sommet se cache dans les nues, on dit aussi : « Des monts altiers. » Or, pensez-vous qu'un rocher puisse être altier ? Non, sans doute ; mais dans un tel langage l'homme prête à la montagne le sentiment qu'il trouve en lui-même. Eh bien ! il en est encore ainsi lorsqu'il parle du paon. Il voit cet oiseau redresser ses plumes magnifiques, faire briller au soleil ses yeux étincelants ; or, sachant que s'il avait lui-même ce beau plumage, il l'étalerait avec satisfaction, il juge le paon d'après lui, et dit : « Cet oiseau est orgueilleux. » Erreur ! Les plumes sont du paon, mais l'orgueil est de l'homme.

Si les plumes du paon sont magnifiques, son cri est horrible! Il déchire l'oreille! Ce contraste, entre son ramage et son plumage, rentre dans une loi assez généralement suivie dans la nature : à côté de chaque beauté est une laideur; les priviléges semblent liés à des privations. Il n'y a de perfection nulle part sur la terre. L'homme lui-même, qui jouit d'une grande supériorité sur tous les autres êtres, se trouve à plus d'un égard moins avantageusement doué qu'eux! Il se traîne lentement sur la terre, tandis que l'oiseau, volant dans les airs, passe sans fatigue d'un monde à l'autre; sa patrie c'est l'univers! Nous apercevons à peine une maison au sommet d'une montagne; mais l'aigle, du haut des cieux, découvre dans nos champs un insecte et s'en empare plus rapide que la pensée. L'homme ne peut vivre qu'à la surface du globe; le flamant vit dans les nues, sur la terre et au fond de l'océan; il nage, vole, marche, quand l'homme se noie dans un étang, se tue en tombant d'une tour, et trébuche même en terre, posé sur ses deux pieds!

— Mais alors quel est l'avantage d'être homme?

— Je te le laisse à deviner.

— De parler peut-être?

— Non, car bien des oiseaux parlent, non pas le français ou l'allemand, mais des langues très-bien comprises de leurs semblables.

— Alors, le grand avantage de l'homme c'est d'avoir de l'intelligence?

— Non plus, car les animaux en ont aussi, et ce qu'on appelle instinct les sert beaucoup mieux que ne nous sert la réflexion. Nous passons toute notre vie à nous instruire, eux savent dès le premier jour.

— Alors l'avantage de l'homme c'est... c'est... c'est... je ne sais pas.

— Et toi?

— Oh! moi, c'est... c'est... je ne sais pas.

— Et toi?

— Non plus.

— Et toi?

— Comme lui.

— Eh bien! mes enfants, l'avantage de l'homme sur tous les autres êtres d'ici-bas, c'est la pensée de

Dieu. Voilà ce que l'animal, jeune ou vieux, grand ou petit, ignore complètement. Sur ce sujet l'éléphant n'en sait pas plus que l'insecte; et tous deux réunis n'en savent rien. Quand donc on vous demandera : Quelle différence y a-t-il entre vous et la bête? répondez : Je connais Dieu.

LE COQ

Parlons d'un personnage, non pas plus humble, mais plus connu. Si l'on dit: « Orgueilleux comme un paon, » on dit tout aussi bien : « Fier comme un coq. » Puisque vous connaissez le coq, je ne perdrai pas mon temps à vous le décrire, et si vous ne le connaissez pas, je vous dirai : Regardez la gravure. Voyez ce personnage à la tête haute, la queue en panache, la patte tendue, la crête redressée ; il semble dire à la basse-cour : C'est moi ! moi qui marche à la tête des poules ! moi qui de mes griffes déterre ma proie, de mon bec la déchire, et sans me retourner en jette les débris à mon troupeau ! c'est moi qui seul prends leur défense contre chien, chat, enfants ! Essayez d'approcher, et vous verrez ! Coqueroco ! coqueroco !

Je le répète, il serait inutile de vous dire tout cela, vous le savez, vous l'avez vu ; mais voici ce que vous ne savez peut-être pas, c'est que le coq est de votre parenté.

— Comment cela ?

— Les Latins, qui nous ont donné le nom de *Gaulois*, appelaient le coq *Gallus ;* il est probable qu'ils nous ont ainsi désignés pour notre ressemblance avec le héros emplumé. Prenez donc garde qu'on ne puisse aussi dire de vous : « Fier comme un coq, criard comme un coq, batailleur comme un coq. » Sans renoncer au courage du coq, vous ferez bien de prendre la tendresse de la poule. Elle aussi défend ses petits envers et contre tous. Mais en même temps, comme elle est patiente et dévouée ! Pendant de longues journées elle couve ; tout un mois elle est en quête de nourriture pour ses petits. Il est beau de la voir, à la découverte de quelques grains, jeter un cri pour rassembler ses poussins et leur partager sa prise sans rien s'en réserver.

La poule peut aimer son maître et même se confier à des mains étrangères. Un naturaliste raconte qu'il avait placé le nid d'une poule dans un grenier et que pour en mettre la couvée à l'abri des chats il avait retiré l'échelle qui conduisait au domicile de sa protégée. Un matin de très-bonne heure le protecteur entend des cris de détresse de la couveuse ; il se lève et trouve la pauvre petite mère venant à sa rencontre, se jetant dans ses bras ou plutôt dans ses jambes pour implorer son secours. La pauvrette s'était élancée du grenier dans la cour pour y prendre un peu d'eau et de nourriture ; mais ensuite, par manque d'échelle, elle n'avait pu regagner sa couvée.

On a dit que la poule abandonnait quelquefois ses petits. Ne serait-ce pas plutôt les petits qui abandonnent parfois leur mère ? Voici une histoire qui nous conduit à le penser.

La même personne dont je viens de parler avait une poule et ses quinze petits dans un poulailler général. Comme pour y parvenir il fallait sauter sur un perchoir et que les jeunes volatiles risquaient de se rompre le cou ou les ailes à cette gymnastique, le propriétaire établit plus près du sol un poulailler particulier à la jeune et nombreuse famille. Pendant quelques jours tout alla bien, mais les petits en se fortifiant eurent l'ambition de faire comme les grands, et quelques-uns d'entre eux laissèrent le domicile maternel pour l'habitation commune. Cependant les deux plus faibles restaient encore à la maison, et la mère, plutôt que d'aller rejoindre la nombreuse société où avaient déjà passé ses treize poulets bien portants, préféra rester auprès des deux malingres et délaissés. Enfin, quand ceux-ci, devenus plus forts, partirent à leur tour, la mère, restée libre, alla rejoindre toute sa jeune famille pour la surveiller dans le monde. Eh bien ! pendant cette séparation, qui donc avait quitté ses parents? Etait-ce la poule, ou les poussins ? Cette anecdote ne justifie que trop bien cette parole de la Bible : « La mère abandonnerait-elle ses enfants ? Eh bien ! alors même qu'elle les abandonnerait, moi, dit l'Eternel, je ne vous abandonnerais jamais. » Cette poule laissant ses treize poulets déjà forts pour soigner les deux seuls encore faibles, nous rappelle aussi la conduite du berger dont parle l'Evangile : il laisse son troupeau qui est en sûreté pour courir sur la montagne après le seul agneau qui se soit égaré. Or, savez-vous de qui ce berger est l'image ?

— Oui : de Dieu.

— Et qui sont les agneaux perdus ?

— Les méchants.

— Et qui, sont les méchants ?

— Les brigands, les voleurs.

— Et qui de plus ?

— Les ivrognes, les jureurs.

— Et puis encore ?

— Les menteurs, les gourmands.

— Et puis encore ?

— Les médisants, les orgueilleux, les rapporteurs.

— Et puis encore ?

— Les envieux, les ingrats.

— Connaissez-vous quelques-uns de ces gens-là ?

— Moi je ne connais point de brigands, ni de voleurs !

— Je ne demande pas qui vous ne connaissez pas, mais qui vous connaissez ?

— L'autre jour, mon frère a dit à maman que ma sœur avait pris de la confiture.

— Voilà donc ton frère rapporteur, ta sœur gourmande et toi-même médisant...

— Mais c'est vous qui me l'avez demandé ?

— Oh ! je ne te fais pas un reproche. Je veux seulement te faire remarquer qu'au lieu de me citer les fautes de ton frère et de ta sœur, tu aurais pu me citer les tiennes propres, à moins que tu n'en aies commis aucune ?

— Oh ! je ne dis pas cela !

— Eh bien ! toi, comme ton frère, comme ta sœur, comme moi-même, nous avons tous fait plus d'une sottise ; d'une manière ou d'une autre, nous sommes donc au nombre de ces brebis perdues que Jésus est venu chercher et sauver.

LE DINDE

Pourquoi le dinde ou dindon, redressant sa tête, faisant la roue, se promenant majestueux dans la basse-cour, et criant : *glou, glou, glou*, nous paraît-il ridicule ? Son cri n'est-il pas aussi beau que celui du paon ? ses pattes aussi longues, son corps aussi gros ? Oui, mais il fait la roue sans plumes dorées, sans couleurs brillantes, sans arc-en-ciel de diamants, en un mot il fait le beau sans beauté ; et voilà ce qui nous donne envie de lui rire au bec au lieu de l'admirer. Toutefois n'allez pas vous moquer de lui, car s'il s'en apercevait il pourrait bien vous sauter au visage. C'est toujours ainsi : les plus laids sont les plus vains.

Les dindons sont si occupés d'eux-mêmes, qu'ils ne s'occupent guère de leurs petits. Mais ne les accusons pas sans fin et citons au moins un trait à leur honneur. Une dinde était à couver ses œufs. Le mâle, qu'on avait séparé d'elle, s'en montra si malheureux qu'on lui permit enfin d'aller retrouver sa compagne. Il arrive et se couche à côté de la dinde. On crut d'abord qu'il n'avait d'autre but que de se rapprocher de sa femelle, mais bientôt on s'aperçut qu'il avait tiré sous lui quelques œufs à couver. On les lui reprit pour les remettre à leur place ; mais il s'en empara de nouveau et recommença à leur donner ses soins. Vaincu par cette persévérance, le maître de la maison fit préparer un nid au mâle, lui confia une partie de la couvée, et le dindon remplit si bien l'office de la dinde, qu'au bout du temps ordinaire il se vit entouré d'une nombreuse famille allant, venant, picotant autour de lui. Sachons-lui gré d'avoir été presque père et mère à la fois.

LE PIGEON

Puisque nous sommes dans la basse-cour, parlons encore d'un volatile qu'on peut regarder comme un de ses humbles habitants, bien que celui-ci aime mieux vivre au sommet qu'au pied de la maison. Aussi, voyez-vous sur la gravure qu'on l'a logé dans une espèce de lanterne au bout d'une longue perche.

Je ne connais pas d'oiseaux plus gracieux, plus doux, plus propre, et même plus agréable à la vue que le pigeon ; les couleurs changeantes de son cou, les mouvements rapides de sa tête, sa vie active, son vol soutenu, son séjour sur les toits, sur les arbres ; ses allées et venues continuelles, du pigeonnier à la campagne, de la campagne au pigeonnier, en font un hôte gai, gracieux, constant, sans être importun.

Mais le pigeon domestique ne nous donne pas une juste idée du pigeon voyageur, qui fait 25 lieues à l'heure; c'est-à-dire, trois fois plus de chemin qu'une machine à vapeur. C'est ce qui lui permet d'entreprendre de longs voyages pour aller chaque année chercher le climat qui lui convient. En certains pays, par exemple en Amérique, on les voit par bandes si nombreuses que, dans l'espace de trois heures, on a pu supposer qu'il en était passé plus d'un billion! Un *billion*, ce mot est court à prononcer; mais savez-vous bien ce que c'est? Rien moins que mille milliards! Et un milliard, vous en faites-vous une idée? C'est autant d'unités qu'il y a de créatures humaines sur toute la terre. Ainsi, en trois heures, on a vu passer sur un même point en Amérique mille fois plus de pigeons qu'il n'existe ici-bas de nos semblables! En faisant trois repas par jour et mangeant un pigeon par repas et par personne, il y avait là pour nourrir pendant un an le genre humain tout entier! Et que n'a-t-il pas fallu pour nourrir tous ces pigeons pendant leur vie entière ? Cependant Dieu y a fourni ! Quelle bonté, quelle munificence ! Si ce Dieu fait tant pour des oiseaux, ne fera-t-il pas beaucoup plus pour nous, ses propres enfants, pour nous, doués d'une âme immortelle et capable de sainteté ?

Le moment du passage est connu d'avance parce qu'il est le même chaque année. Aussi dans ces contrées tout le monde s'y prépare. Les uns s'arment de fusils, les autres de bâtons, non pas pour atteindre ces pigeons dans les airs, mais sur les arbres où ils viennent se poser. Ils y sont si nombreux que parfois les branches cassent et les oiseaux en tombent comme des fruits mûrs secoués. On les ramasse en monceaux ; et ce qu'on ne peut pas emporter, on le donne (chose incroyable !) à des cochons ! Vous voyez que tous les pigeons ne sont pas mangés sur la table des riches, et qu'on fait bonne chère ailleurs que dans les palais. La Providence a des festins même pour les bêtes immondes qui, après tout, valent mieux que celles qu'on admire et qui ne servent à rien !

Vous avez sans doute entendu parler du pigeon messager. On le porte dans une cage, d'une contrée dans une autre. On lui attache une lettre sous l'aile, et ce fidèle courrier va porter au point d'où il est parti le papier qu'on lui a confié. Il parcourt ainsi des centaines de lieues sans demander son chemin, sans s'arrêter, et sans se tromper de royaume, ni de province, ni de ville, ni de rue, ni même de numéro! Comment se dirige-t-il si bien? On pense que c'est à la faveur d'une bonne vue lui montrant du haut des espaces, et d'une bonne mémoire lui faisant reconnaître tous les lieux où il a déjà passé.

— Oh! je voudrais bien avoir un de ces pigeons.

— Pourquoi faire?

— Pour envoyer une lettre à papa en Algérie.

— Eh bien! j'en ai justement un excellent à ta disposition.

— Où est-il?

— Au bureau du télégraphe électrique, sous la forme d'un fil de fer ; et ce pigeon vole si vite, qu'il peut aller en une minute en Afrique, en Asie, à ton choix. Eh bien! veux-tu préparer ta lettre?

— Oh! ce n'est plus la même chose qu'un pigeon.

— Non, c'est beaucoup plus commode ; et c'est précisément parce que c'est commode que tu le dédaignes. Nous sommes faits ainsi : dès que nous possédons quelque chose, nous n'y tenons plus ! Que de biens Dieu nous donne chaque jour auxquels nous n'accordons aucune attention parce qu'ils ne nous manquent jamais ! Pour nous faire apprécier sa bonté, Dieu n'aurait qu'à nous retirer la moitié de ce qu'il nous a donné. Oh ! si chacun de nous n'avait qu'un bras, qu'un œil, qu'une jambe, comme nous porterions envie aux êtres qui en auraient une paire ! Sachons donc nous estimer heureux nous-mêmes aujourd'hui où nous jouissons de nos deux membres à la fois !

LE HIBOU

Du plus joli des oiseaux, passons au plus laid ; du moins à celui qui, sans que nous sachions pourquoi, nous inspire une espèce de répulsion : le hibou. Si vous ne l'avez jamais vu, regardez sur la même gravure à votre gauche dans le feuillage.

Cet oiseau chasse pendant le crépuscule. On peut affirmer qu'il y est destiné. Son œil est fait de telle sorte que la prunelle se dilatant plus qu'une autre, trouve aussi plus de lumière dans une demi-obscurité ; ajoutez à cette conformation la pénétration de la vue, et vous comprendrez que le hibou est organisé pour y voir dans la nuit. S'il fallait encore une preuve, je vous dirais que l'éclat du grand jour l'oblige à fermer les yeux.

Mais sa vue nocturne n'est pas le seul indice de cet oiseau et ses pareils, la chouette, la chauve-souris, sont destinés à travailler quand les autres dorment; on en trouve un second dans ses ailes molles qui lui permettent de voler silencieusement. En effet, si le hibou faisait du bruit en traversant les airs à l'heure où tout est paisible, il serait entendu et manquerait sa proie. Vous voyez que tout a été prévu et que le Créateur assouplit l'aile de la chouette qui s'empare de ses victimes par la ruse, comme il a durci la plume de l'aigle qui fond sur les siennes avec violence.

Si vous aviez plus de patience, je vous donnerais quelques autres exemples de ces instruments si parfaits accordés aux oiseaux pour atteindre la nourriture qui leur convient et vivre dans les lieux où Dieu les a placés. Tel oiseau dont l'appétit demande des chairs vivantes possède des griffes tranchantes et un bec crochu pour les déchirer; tel autre, comme l'homme, trop pesant pour pouvoir s'élever dans les airs, possède une vaste poche qu'il gonfle comme un ballon pour s'aider à voler; tel autre qui vit de poissons a des ergots dentelés comme une scie pour retenir sa proie et des dents aiguës pour la happer; tel autre n'a pas de dents, mais il avale de petites pierres qui lui servent à broyer la nourriture dans son gésier; quand les angles de ces pierres sont usés, l'oiseau les rejette et en prend d'autres; ce qui vaut mieux que d'aller chez le dentiste ajuster un nouveau râtelier.

— Mais je ne vois pas la nécessité de donner à toutes ces bêtes tant de moyens pour se manger les unes les autres?

— Hélas, mon enfant, tu tombes ici sur la question la plus difficile : Pourquoi les animaux se dévorent-ils les uns les autres? Cependant je vais tâcher d'y répondre. Je te demanderai d'abord si tu es fâché d'être au monde?

— Non.

— Et l'es-tu d'avoir de bonnes dents?

— Non plus.

— Regrettes-tu que le jardinier ait pris hier une belle perdrix que tu as mangée ce matin?

— Pas davantage.

— Eh bien! il est probable que, comme toi, chaque animal est bien aise d'avoir les instruments et l'adresse nécessaires pour se procurer son pain quotidien. Si j'avais à répondre aux animaux qui sont mangés, j'avoue que je serais embarrassé; mais comme tu es du nombre de ceux qui mangent les autres, j'espère que je te satisferai. Parlons donc comme si tout ici-bas avait été fait pour l'homme, ce qui d'ailleurs est la vérité.

D'abord, pourquoi tant d'oiseaux? Pour nous débarrasser des insectes qui, sans cela, dévoreraient nos moissons; — ensuite, pour nous délivrer des corps morts qui, dans les pays chauds, empoisonneraient l'atmosphère; enfin, pour se faire la guerre les uns aux autres, car, si tous vivaient et multipliaient sans obstacle, le monde serait bientôt couvert de bêtes qui mangeraient les hommes. Il me semble que voilà quelques raisons très-acceptables pour nous, intéressés dans la question. Et maintenant, voyez comme cet état de choses s'est amélioré dans le monde en avançant: Les bêtes féroces, telles que le tigre et le lion, jadis abondantes, sont aujourd'hui plus rares. Et ce ne sont pas seulement nos animaux domestiques qui sont en grand nombre sur la terre, ce sont aussi les bêtes en même temps sauvages et utiles, c'est-à-dire mangeables. Maintes fois on a vu une bande de pigeons contenant des millions de repas pour l'homme; mais a-t-on jamais vu des millions d'ours et de loups capables de nous dévorer? Jamais, que je sache. Ainsi donc, en définitive, ces animaux libres, qui vivent aux dépens les uns des autres dans les airs, les eaux, les forêts, sont mis là comme nos animaux domestiques dans nos basses-cours. La terre est le parc gratuit du genre humain. Enfin, remarquez que les carnassiers, pour nous les plus terribles, tels que l'aigle et l'épervier, n'ont qu'un ou deux petits par an; tandis que les volailles les plus utiles, telles que la poule et le pigeon, en ont des centaines par année. Qui de nous oserait donc se plaindre? Si quelqu'un en a le droit, certes, ce n'est pas l'homme, à qui profitent ici-bas et les animaux chasseurs et les bêtes chassées.

— Mais les hiboux, à quoi nous servent-ils?

— Je vais vous conter une histoire qui sera ma réponse. Un petit hibou encore trop faible pour se nourrir fut enlevé de son nid et déposé sous une cage à poulet. Le lendemain on ne fut pas peu surpris de trouver déposé devant cette cage un petit rat fraîchement étranglé. Le jour suivant même dépôt et pendant des semaines, nouvelles provisions toujours mises là par les parents hiboux pour leur petit. Je ne vous ferai pas observer que ces parents, tout hiboux qu'ils étaient, aimaient leur progéniture ; car il va sans dire que père et mère aiment toujours leurs enfants ; mais remarquez que la ferme fut ainsi débarrassée d'une centaine de rongeurs qui sans cela auraient dévoré les provisions des pauvres paysans. Ces hiboux rendaient donc le service d'un chat ; d'un chat qui ne coûtait rien à nourrir et qui n'égratignait aucun enfant.

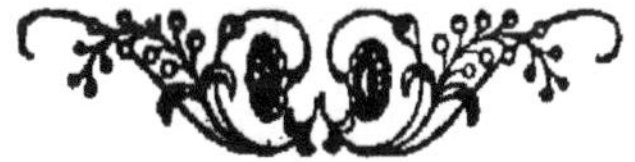

LA PIE-GRIÈCHE

Encore un oiseau chasseur qui, comme les autres, tout en ne pensant qu'à lui, pauvre bête, travaille pour le genre humain. C'est une des sages dispositions du Créateur, que de faire concourir les égoïstes malgré eux au bien général. Ainsi l'avare croit amasser pour lui ; il amasse pour ses enfants.

Voici donc un oiseau qui ne se contente pas de tuer assez d'insectes et de souris pour se nourrir, mais qui, sous prétexte de faire ses provisions, nous débarrasse d'un bien plus grand nombre de ces hôtes importuns qu'il n'en peut manger.

Ce qu'il y a de plus curieux, c'est la manière dont

cet oiseau conserve le gibier dans son garde-manger. Il part pour la chasse, tue sa proie, et puis, chose étrange ! il vient la suspendre aux branches d'un arbrisseau. Il retourne à maraude, prend un nouvel insecte, le suspend à son tour et fait ainsi un étalage de bons morceaux comme vous en avez vu à la porte des bouchers. Il place là, non des gigots de mouton, des côtelettes de veau ; mais des hannetons, des crapauds, des souris. Quelques personnes ont pensé que c'était des amorces pour attirer et prendre de nouvelles victimes ; d'autres affirment que ce sont tout simplement des provisions. Mais ce qui montre qu'il y a là quelque chose de plus, c'est qu'alors même que la piegrièche est en cage, abondamment pourvue de nourriture, elle ne cesse pas pour cela, si l'on ouvre sa porte, de partir pour la chasse et de revenir suspendre à la file ses gigots de mouton et ses côtelettes de veau. Un jour on jeta dans la cage de l'une d'elles une souris qui fut aussitôt prise et aussitôt pendue. N'est-ce pas l'indice d'un instinct naturel, irrésistible, que le Créateur a mis dans cet oiseau rapace, moins pour le nourrir que pour nous délivrer des pillards de nos champs? Voici une preuve peut-être plus convaincante de l'utilité de cet oiseau meurtrier. En 1829, une nuée de sauterelles, sur les côtes d'Afrique, menaçait de détruire les moissons encore sur pied. Les pauvres cultivateurs étaient dans des transes mortelles, lorsqu'à son tour une innombrable volée de pies-grièches vint fondre sur les sauterelles et les détruisit si complètement que les blés en furent préservés. Un mal emporta l'autre : mangeurs et mangés laissèrent tranquille le pays, les moissons et les habitants.

LA GRIVE

Un jour, sur les bords de la Méditerranée, j'entendis un Provençal et un Ecossais tenir cette conversation :

— La grive chante très-agréablement:

— La grive chante fort mal.

— Je vous dis qu'elle chante aussi bien que le rossignol !

— Je vous dis qu'elle ne chante pas mieux que le moineau !

— Vous êtes têtu comme un Provençal !

— Et vous, entêté comme un Anglais !

La dispute allait s'échauffer, lorsque je vins m'asseoir sur le sable du rivage entre nos deux causeurs.

— Vous avez raison tous deux, leur dis-je, et je vais vous le montrer. Je dois d'abord vous dire que pour moi j'ai deux patries : une d'été, l'Ecosse ; l'autre d'hiver, la Provence. Au mois de mai, le dernier que je passe à Cannes, j'entends le rossignol jour et nuit dans mon jardin. Je pars le 1er juin, et huit jours après, au centre de l'Ecosse, j'entends la grive.

— Eh bien ? me dirent à la fois le Provençal et l'Ecossais.

— Eh bien ! ces deux voix ont une telle ressemblance, que je me suis demandé si le même oiseau ne m'avait pas suivi du Midi dans le Nord. Ce n'est pas la même mélodie, mais c'est le même timbre de voix ; les deux chantres ne sont pas frères, ils sont cousins ; le rossignol chante mieux que la grive, mais la grive a le timbre du rossignol.

— Vous voyez ? dit l'Ecossais au Provençal.

— Attendez, repris-je.

— J'ai également entendu la grive dans ces contrées-ci ; plus d'un chasseur m'en a parlé, et tout le monde s'accorde à dire qu'ici elle ne chante pas et ne fait que pousser son éternel cri : *zip*, *zip*, *zip*.

— Vous voyez? dit à son tour le Provençal à l'Ecossais.

— Oui, vous voyez tous deux que la grive chante en Ecosse comme le rossignol, et en Provence comme le moineau. C'est qu'en Ecosse elle est chez elle, y demeure toute l'année, y fait son nid ; elle aime et chante ; en Provence, elle est étrangère et ne fait que passer en attendant l'heure du départ ; loin de sa famille, elle ne fait que crier. Vous voyez que chacun de vous avait raison en parlant de son pays, mais tort en affirmant la même chose de toutes les contrées.

Mes amis, il en sera souvent de même parmi vous : vous aurez souvent raison, si vous voulez écouter les autres, et souvent tort, si vous prétendez n'entendre que vous-mêmes.

Mes enfants, je puis bien vous raconter des histoires, je puis même vous montrer des oiseaux en peinture ; mais comment vous donner une idée de leur chant et surtout du chant du rossignol? Il n'y a qu'un moyen, c'est de venir me voir à Cannes au mois de mai. Là, dans la nuit au milieu d'un bois d'oliviers, quand tout repose, vous entendrez une petite voix sonore, plaintive, s'enfler peu à peu jusqu'à remplir la forêt ; ensuite, renvoyée par l'écho de la voûte feuillée, vous revenir plus tendre encore. Vous croyez que tout est fini. Mais non, le rossignol médite un nouveau chant ; sa voix prend l'essor et vous êtes étonné du caractère tout différent de ses notes vives, perlées, hautes et basses, s'arrêtant tout court, comme si l'oiseau voulait vous dire qu'il ne chante pas pour vous. Ce qui ajoute singulièrement au charme de ce concert nocturne, c'est le silence, le calme, la solitude. Il semble que le rossignol soit là seul, ou que les autres chanteurs n'y soient que pour l'écouter.

Que dit-il dans ce langage, inconnu des hommes, mais compris de ses semblables ? Il console sa compagne de toute la peine qu'elle prend pour couver des petits qui n'attendent que des ailes pour s'envoler !

Cela vous étonne d'entendre dire que cet oiseau parle en chantant ? Que penseriez-vous donc si je vous disais que d'autres réunis en cercle prennent tour à tour la parole, discutent des lois et les votent à l'unanimité ? Voici un fait qui vous montrera jusqu'à quel point des oiseaux peuvent se comprendre et se concerter. Une femelle avait commis une faute ; le mâle l'abandonna. Depuis quelques jours il était absent et la veuve pouvait croire l'offensé parti pour toujours, lorsqu'elle le vit revenir avec de nombreux compagnons. Ceux-ci s'élevèrent dans les airs au-dessus du nid, et quand ils eurent reconnu que la mère était là avec sa famille, ils s'abattirent ensemble pour massacrer la coupable et ses petits. Comment le mari offensé aurait-il pu décider ses amis à venir l'aider dans cet acte de vengeance, s'il n'avait pas commencé par leur exposer son motif de plainte ? Evidemment cet oiseau avait parlé et ses semblables l'avaient compris.

Et vous-mêmes, ne comprenez-vous pas jusqu'à un certain point le langage des bêtes ? Ne distinguez-vous pas entre un aboiement de colère et un aboiement de joie ? Le cri du canari, les ailes ouvertes, le cou tendu, les plumes hérissées, est-il le même que le chant de cet oiseau sautillant de perche en perche dans sa cage ? Non ; si donc vous-mêmes savez distinguer chez les oiseaux entre l'irritation et la tendresse, entre la joie et la douleur, comment leurs frères, qui ont mêmes cris, même chant, ne feraient-ils pas la même distinction? Comprendriez-vous mieux les oiseaux que des oiseaux?

Heureux langage qu'on peut appeler un chant! Heureux peuple que celui qui ne se fait entendre que pour réjouir sa famille! Oh! mes jeunes amis, si nous savions employer notre langue aussi bien que les oiseaux, nous chanterions à la gloire du Créateur et nous ne parlerions que pour être utiles à ses enfants.

LE CHARDONNERET

J'ai dit que certains oiseaux travaillaient pour nous en dévorant les insectes; d'autres nous rendent encore service en détruisant les mauvaises herbes qui, sans cela, étoufferaient les bonnes. La principale nourriture du chardonneret se compose de graines de plantes nuisibles, tel que le chardon; cet oiseau semble avoir conscience du bien qu'il nous fait en venant élire son domicile tout près de nos maisons.

J'ai dit encore que les oiseaux ont un langage naturel; il en est aussi qui ont un langage appris. Mais attachent-ils un sens au second comme au premier? Je ne le pense pas. Quand le perroquet crie : *jaco, jaco,* sans doute, il ne s'appelle pas lui-même ; il dit *jaco* à tout le monde; il en est de même de toutes les phrases qu'on lui fait répéter. Ce jacotage est un chant et non pas un langage. Quelques personnes assurent, cependant, que tel perroquet leur a répondu fort à propos. C'est possible; mais c'était l'à-propos du hasard. Reconnaissons, toutefois, que si l'oiseau ne peut suivre nos discours, il en comprend quelques mots, sinon par notre articulation des syllabes, du moins par notre ton colère ou caressant. Tout cela montre que le Créateur leur a permis de pénétrer dans la connaissance de notre langage tout juste assez pour nous servir et non pour s'instruire eux-mêmes. Il est bon pour nous que le cheval distingue entre nos *hu*, *ho*, *dia;* mais il est inutile qu'il nous réponde *oui* ou *non;* l'important c'est qu'il nous obéisse.

— Mais, peut-on se faire obéir des oiseaux ?

— Sans doute.

— Quoi ! l'on peut leur faire comprendre ce qu'on désire d'eux ?

— Certainement, et je vais vous citer l'exemple d'une étonnante éducation.

Il y a quelques années, le sieur Roman exhibait une remarquable collection de chardonnerets, de linottes et de canaris. Un de ces oiseaux faisait le mort et se laissait soulever par la patte ou par la queue sans donner le moindre signe de vie; un autre se tenait sur la tête, les pattes en l'air; un troisième, avec des seaux sur les épaules, imitait une laitière hollandaise allant au marché; un quatrième singeait une jeune fille vénitienne regardant par la fenêtre; un cinquième montait la garde comme une sentinelle; et le sixième, un képi sur la tête, un fusil sur l'épaule, jouait l'artilleur, et, au moyen d'une allumette, faisait partir un petit canon. Le même oiseau se donnait aussi des airs de blessé; il se laissait porter dans une brouette comme pour se rendre à l'hôpital, puis s'envolait devant toute la société. Le septième oiseau faisait tourner une sorte de moulin à vent, le dernier demeurait immobile au milieu de décharges d'artillerie sans donner aucun signe de frayeur.

Mais les oiseaux dont nous parlons ont quelque chose de meilleur encore que l'intelligence, ils sont capables d'affection. Je vous en citerai un trait touchant raconté par le même auteur que le précédent. Nous avions, dit-il, une linotte, aimable créature qui paraissait guidée dans tous ses actes par un instinct approchant de la raison. Nous laissions parfois nos oiseaux (canaris, mulets, linottes, chardonnerets), sortir tous ensemble de leurs cages et voltiger dans la chambre. La linotte ne s'occupait guère d'aucun autre que de son brouvreuil favori, à moins qu'il ne s'élevât parmi les oiseaux une querelle; même alors elle ne s'en mêlait que pour y mettre fin et punir l'agresseur. Cette linotte était un oiseau fort et robuste, mais pas du tout disputeur. Il supportait avec magnanimité les petites insultes des mulets, n'y prenait pas même garde, car toute son attention paraissait concentrée sur son ami le bouvreuil. Dick et Davie, les deux amis (ils connaissaient leurs noms et y répondaient), se recherchaient toujours. Dick suivait Davie tout autour de la chambre; si celui-ci s'arrêtait, l'autre lui donnait un coup de bec, une petite secousse comme pour le faire avancer ou ressauter. Si la plaisanterie réussissait, Dick en paraissait charmé. S'il était à manger dans une des cages et que Davie fût attaqué, Dick s'élançait tout de suite vers son ami pour repousser les assaillants. Cependant, nous remarquâmes qu'il ne se servait jamais de son bec, mais de sa poitrine, comme s'il eût craint de blesser les agresseurs. Dick connaissait parfaitement chaque membre de notre famille, mais il aimait une personne en particulier et allait vers elle de préférence. Si elle entrait, il lui souhaitait la bienvenue en hérissant ses plumes et faisant entendre un cri joyeux dont il n'honorait aucun autre. S'approchait-elle de la cage en fermant le poing et élevant la main comme pour le frapper, il n'en paraissait nullement alarmé, mais s'élançait tout heureux à sa rencontre. Si elle passait le doigt entre les barreaux, puis, faisant semblant d'avoir peur, le retirait vivement, il en était charmé; mais si elle se laissait becqueter, il resserrait ses plumes d'un air tout désappointé. Si, en entrant à la hâte, elle ne faisait pas à son favori les caresses accoutumées, il se redressait, serrait ses plumes contre lui, et, quoiqu'elle s'approchât ensuite de la cage en signe de réconciliation, il ne voulait y faire aucune attention; mais si son amie revenait un peu plus tard, la bouderie était oubliée et Dick lui souhaitait la bienvenue comme auparavant. Au bout de près de cinq ans, Davie, le bouvreuil, mourut pendant la nuit. Le matin, Dick s'aperçut de son absence et poussa des cris plaintifs toute la journée; le lendemain il parut malade, mit la tête sous l'aile et cessa de manger. Son amie, notre parente, était alors indisposée : on porta Dick vers son lit; celui-ci reconnut sa voix, retira la tête de dessous l'aile, mais ses yeux étaient ternes et appesantis. On le remit dans sa cage, et, le jour suivant, il mourut de chagrin.

LE CORBEAU

Mes enfants, aimez-vous le corbeau ?

— Non.

— Pourquoi ?.. Eh bien! vous ne répondez pas ? Le fait est que vous n'en savez rien. Nous avons ainsi des antipathies sans pouvoir en rendre compte, et nous devenons injustes envers des êtres qui ne nous ont fait aucun mal. Pourquoi, par exemple, avoir horreur de cette chenille, et courir après ce papillon ? C'est le même être à deux jours de distance ! Pourquoi notre dégoût pour l'araignée et notre indulgence pour les fourmis ? Si les fourmis nous débarrassent des araignées, les araignées nous délivrent des mouches. Sachons donc nous défaire de ces injustes préventions et ne haïssons personne, pas même un corbeau tout de noir habillé. Je parle de la couleur de son habit parce que je crois qu'elle est pour beaucoup dans notre répulsion. Quelle folie! Faudra-t-il haïr une personne parce qu'elle est en deuil ?

— Mais on dit que le corbeau est méchant; et une fois le nôtre a voulu me mordre les jambes quand je voulais jouer avec lui.

— Et comment voulais-tu jouer avec le corbeau ?

— Je voulais le prendre, et il s'est sauvé; je lui ai barré le chemin, et alors il m'a mordu; et quand j'ai fait semblant de lui donner un coup de pied, il m'a sauté à la figure !

— Ah ! tu veux prendre les gens, leur barrer le passage, leur lancer des coups de pied, et parce qu'ils ne se laissent pas maltraiter, tu les appelles méchants? Mais, dis-moi : Si un géant, grand comme un chêne, venait te prendre entre ses bras longs comme des branches, et terminés par des doigts munis d'ongles aigus comme des épines, le laisserais-tu faire ?

— Non ; mais moi je ne suis pas un géant grand comme un chêne !

— Non, sans doute, quand on te compare à un autre enfant ; mais en rapprochant le corbeau de toi, sais-tu que la différence est à peu près celle qui sépare l'homme d'un chêne ? Et que dès lors le corbeau a bien quelque raison de fuir, devant un enfant dix fois plus haut que lui, capable de l'étrangler, ou de lui donner des coups de pied ? Voilà bien notre conduite ordinaire envers les animaux : si nous les appelons, il faut qu'ils viennent ; ou bien nous disons que ce sont des entêtés. Nous voulons les saisir, leur ouvrir le bec, leur tirer la queue, et parce qu'ils ont la prétention de ne pas se laisser tourmenter, ce sont des méchants ! Et de quel droit prétendrions-nous nous faire obéir par eux ? C'est sans doute du droit du plus fort ; ne soyons donc pas surpris qu'ils usent aussi de leur force, au besoin de leur ruse. Il n'y a qu'une arme qui nous donne la supériorité sur eux, et nous ferons bien de nous en servir.

— Laquelle ?

— La raison. Avec cet instrument, nous dresserons même un corbeau, et pour peu que nous y joignions de tendresse, il nous répondra par de la reconnaissance. Jugez-en par un exemple.

Un chien et un corbeau étaient grands amis. Le chien eut la patte cassée par accident. Tandis qu'on la bandait, le corbeau vint assister à l'opération, et quand le chien fut mis à l'hôpital dans l'étable, le corbeau le suivit et lui tint compagnie. Comme le malade ne pouvait marcher pour aller chercher sa nourriture, son compagnon vint à la cuisine, s'empara de quelques os et les porta charitablement au patient. Durant toute la maladie, les soins furent continués ; même assiduité jour et nuit. Un jour que le corbeau était allé chercher les provisions, la porte de l'écurie fut fermée. L'oiseau y frappa et refrappa du bec jusqu'au matin. Le lendemain, le palefrenier trouva le panneau criblé de coups ; et probablement la porte eût été trouée si l'on ne fût venu l'ouvrir à temps. Voilà de l'affection. Voici de la reconnaissance.

Un médecin français, établi en Russie, avait un magnifique corbeau qui lui fut volé. Dix ans plus tard, le docteur vint à Paris. Il se promenait au Jardin des Plantes, lorsqu'en passant devant l'oisellerie, il vit un corbeau battre des ailes, trembler dans ses plumes et pousser des croassements affectueux. Le médecin reconnut son oiseau. Il le réclama et l'obtint. Au moment d'en prendre possession, le docteur entra dans la cage et le corbeau sauta sur son épaule, le couvrit de baisers et manifesta la joie la plus vive. Je suis bien sûr que le docteur n'a pas pleuré ! Voilà donc un corbeau non moins affectueux et reconnaissant que son maître.

Toutefois n'en faisons pas un saint, car, s'il aime ceux qui l'aiment, il sait bien aussi jouer de mauvais tours quand cela lui convient. Une blanchisseuse qui avait étendu son linge sur une corde trouva ses serviettes et ses draps sur la terre. Un corbeau était venu en l'absence de la femme arracher les épingles dont probablement il avait besoin. On chercha la cachette du voleur et l'on y découvrit, d'aiguilles et d'épingles, tout un magasin ! Qu'en voulait-il faire ? Je l'ignore ; mais cela prouve au moins que ce corbeau n'était pas aussi sot que celui de la fable. Le corbeau n'a ni vanité, ni probité ; c'est là le lot de l'homme ; mais il est intelligent et même affectueux pour quiconque lui fait du bien au lieu de lui tirer la patte ou la queue.

LE CANARD

Nous venons de voir un oiseau soigner un chien; nous allons voir un chien soigner un oiseau. Dans une basse-cour, où ce mâtin hargneux et enchaîné faisait la garde, se trouvait une cane avec ses petits. Personne, homme ni bête, ne pouvait approcher de la loge du chien sans être mordu. La cane comprit que si elle pouvait se concilier l'affection du terrible gardien, elle aurait, par là même, ses petits à l'abri de tout danger. Mais comment s'y prendre? Comment un faible oiseau réussit-il à gagner les bonnes grâces d'un animal farouche que l'homme lui-même ne pouvait apprivoiser? Je ne sais. Je sais seulement que cette cane avait des petits à soigner, et c'est probablement à sa tendresse maternelle qu'elle dut les inspirations qui la conduisirent dans cette tâche difficile. Quand donc elle se fut liée d'amitié avec son voisin, elle lui recommanda sa famille; et dès que les canardeaux redoutaient quelque adversaire, ils venaient en se dandinant s'abriter dans le chenil. Ici plus rien à craindre; quand l'ennemi n'était plus là, les refugiés reprenaient leur liberté. Et ce qui montre bien que le chien avait accepté le rôle de protecteur, c'est qu'à l'approche du danger, il avertissait ses amis par un aboiement plaintif; ne pouvant se porter à leur défense, il les appelait sous sa protection.

Voilà ce qu'ont fait un chien et un corbeau; combien d'hommes qui ne sont à cet égard ni corbeau, ni chien!

L'OIE

« C'est une oie, » signifie en langage hnmain, « c'est un imbécile. » L'imbécillité de l'oie consiste à se laisser manger. Oh! nous ne sommes pas si bêtes! loin de nous laisser manger par elle, nous la mangeons. Mais si en général l'homme a plus d'esprit que l'oie, telle oie a plus de cœur que tel homme. Jugez-en par la conduite des deux personnages.

Vous avez sans doute entendu parler de pâtés de foie gras? Or, voulez-vous savoir comment ils sont confectionnés? Ecoutez. Ces foies sont ceux des oies que l'homme engraisse de la manière suivante. On donne à la pauvre bête autant de nourriture qu'elle en veut, et quand elle n'en veut plus, on lui en donne encore; on met bon gré, mal gré, grains, pommes de terre, débris à son bec; on l'enfonce dans son cou, et, comme le doigt de l'homme n'est pas assez long pour faire cet office, on pousse, on pousse la masse de nourriture dans l'estomac de l'oie récalcitrante avec un bâton! Ce n'est pas tout. Comme la chaleur facilite la digestion, l'on place l'oie après dîner auprès du feu; et comme la pauvre bête à demi grillée tenterait de s'éloigner, on lui cloue les ailes sur le plancher, si bien qu'elle mange et se chauffe sans avoir ni froid ni faim. On lui impose ce supplice de la surabondance jusqu'à ce que son foie soit si gras qu'on puisse en faire un délicieux pâté pour les gourmands. Voilà comment l'homme traite la bête! Voyons maintenant comment la bête va traiter l'homme.

Il y avait une fois dans le pays même dont je viens de parler, une pauvre femme vieille et aveugle, dont toute la joie et toute la consolation à l'approche de la mort était d'aller à l'église. La course était assez longue pour qu'elle ne pût pas la faire sans risque de s'égarer; et comme elle était indigente, elle ne pouvait non plus payer une servante pour l'accompagner. Cette femme avait une oie, et elle en eut pitié. (C'est de l'oie que je parle.) De son bec, elle saisit le tablier de sa maîtresse et la conduisit où elle voulut aller. Chaque dimanche, l'oiseau menait ainsi la femme au sermon, la laissait là, et en attendant la fin de l'office allait elle-même picorer dans les champs, puis reprenait sa maîtresse, sinon par la main, du moins par le tablier, et la ramenait saine et sauve à la maison.

Eh bien! qui montre ici le plus d'humanité : l'hom- qui cloue l'oie devant le feu, ou l'oie qui conduit l'aveugle à l'église?

LE CYGNE

D'autres, mes amis, vous diront combien le cygne est beau, gracieux, élégant; d'autres vous apprendront qu'il nage, ne chante pas et donne une demi-douzaine de petits par an; pour moi, j'aime mieux vous conter un trait manifestant à la fois le courage, l'intelligence et le dévouement de cet oiseau qui semble d'abord n'avoir été créé que pour plaire aux yeux.

La femelle d'un cygne était occupée à couver sur le bord d'une rivière lorsqu'elle aperçut de l'autre côté un renard qui s'apprêtait à la traverser pour venir dévorer la future mère et ses œufs. Que faire, s'enfuir? Tout l'espoir de famille était perdu! Rester? C'était bien dangereux, car le renard serait sans doute plus fort que le cygne et détruirait en tous cas les petits qui dans la coque ne pouvaient ni se défendre ni s'envoler. Sans faire toutes ces réflexions, mais poussée par sa tendresse et prévoyant qu'en attaquant sur l'eau elle aurait l'avantage, la mère vole à la rencontre du renard au milieu de la rivière, le frappe si bien, si fort et si rapidement de ses ailes, qu'elle l'aveugle, le met en déroute et l'oblige à fuir, heureux de regagner l'autre bord.

Mais regardez maintenant le beau cygne de notre gravure. Voyez ces belles ailes déployées et arrondies. Pénétrez, si possible, du regard sous les eaux et admirez ces pattes dont chaque doigt est joint au doigt suivant par une toile forte et souple. Et ce cou si allongé, et cette queue si large! Savez-vous à quel objet le cygne a servi de modèle? A nos premiers vaisseaux. Si vous y regardez de près, vous verrez qu'en effet le cygne est un navire vivant. A l'avant, il est étroit, mince, effilé comme la proue d'un bateau afin de fendre mieux les eaux. Ses ailes, déployées et bombées, sont des voiles enflées par le vent; il ouvre l'une plus que l'autre, l'incline à droite, à gauche, et profite ainsi d'un souffle même contraire. Ses deux pattes sont les deux rames d'une barque ou les deux roues d'un steamer. Sa queue est un gouvernail, et ce qu'il y a de mieux, c'est que le pilote dirige le gouvernail, les voiles, et les rames à la fois. Quelle est donc la navigation la plus parfaite, celle de l'homme ou celle du cygne? Dans les points où elles se ressemblent, laquelle des deux a pris modèle sur l'autre? Laquelle existe la première et mérite un brevet d'invention? Les plus belles œuvres de l'homme ne sont que des imitations des œuvres de Dieu; étudions donc la nature, le Créateur nous y donnera plus d'une leçon.

LE PELICAN

Chers amis, n'avez-vous jamais entendu ces vers, aussi mauvais que mensongers :

« C'est le grand pélican blanc
« Qui s'est percé le flanc
« Pour nourrir ses enfants? »

Je dois vous dire que cela n'est pas vrai. Ni le pélican, oiseau qui existe, ni le phénix, oiseau qui n'existe pas, ne se sont donné la mort pour nourrir leur famille, par la raison bien simple que le moyen de nourrir ses petits, c'est de vivre soi-même pour aller aux provisions. Le suicide, même chez le pélican, est un acte contre nature, et ce crime, les animaux ne le commettent pas.

A la vérité, ceux qui ont inventé cette fable ont cru faire l'éloge du pélican ; ils pensaient donner ainsi une haute idée de son dévouement à ses petits ; mais les faits viennent encore ici contredire cette charitable supposition. Non-seulement cet oiseau ne se perce pas du tout le flanc, mais encore il ne soigne pas ses petits comme les autres. La mère ne fait point un nid, elle pond sur la terre nue et couve. Si l'on vient lui enlever ses œufs, elle laisse faire, ou tout au plus, elle pousse un faible cri sans se déranger. Aussi traiterons-nous le pélican comme il le mérite, en n'en disant que peu de mots ; nous ne parlerons même que de la poche immense qu'il porte sous le bec, poche si vaste qu'elle peut contenir assez de poissons pour donner à dîner à soixante hommes[1] !

Le sauvage d'Amérique a mis à profit la poche du pélican, non pour en faire des blagues à tabac comme les Espagnols, mais pour envoyer ces oiseaux à la

1 Tertre cité par Godsmith.

chasse remplir cette vaste gibecière de butin de toute espèce et revenir la dégorger devant leur maître, qui prend la part du lion et laisse au chasseur celle du pélican. Ne trouvez-vous pas cet Américain sauvage plus raisonnable que l'Espagnol civilisé? Ne vaut-il pas mieux fournir à son dîner et à celui de ses serviteurs que de fumer une pipe? Certainement, sauvage et pélican étaient plus près de la nature que le fabricant de fumée. Quant à moi, je ne veux prendre la pipe ou le cigare que lorsqu'un animal m'en aura donné l'exemple. Je veux être aussi sage que les bêtes.

LE CORMORAN

Encore un de ces destructeurs qui tuent plus qu'ils ne mangent et mangent plus qu'il ne leur faut pour vivre. Comme il saisit ses proies vivantes, et dans les eaux, on ne peut guère supposer que cet oiseau soit destiné par le Créateur, ainsi que tel autre, à nous débarrasser de la puanteur des cadavres ; mais son avidité dépassant ses besoins, son adresse admirable pour la chasse, enfin l'usage que l'homme sait en faire, tout concourt à nous persuader que le cormoran est appelé à nous aider dans notre poursuite du poisson. Voici comment s'emploie cet ouvrier. On commence par lui couvrir la tête d'un capuchon et lui serrer le cou par une corde. Le capuchon épargne à l'oiseau la fatigue de la vue jusqu'au moment de la pêche, et la corde serrée au bas du cou s'oppose à ce que l'oiseau n'engloutisse le poisson. Arrivé sur les lieux où le cormoran doit chasser, on enlève le capuchon; le pêcheur ailé s'élance dans l'eau à la recherche de sa proie; il la trouve, la prend, l'avale... jusqu'au cordon qui sépare le cou de l'estomac; le cou fait ainsi l'office de réservoir. Le cormoran, après cette première capture, en va chercher une seconde, une troisième, jusqu'à ce qu'il ne puisse plus rien recevoir dans son vaste gosier. A ce moment, son maître le siffle; l'ouvrier pêcheur revient et dégorge aux pieds de l'homme les poissons qu'il avait ensachés. Quand le serviteur a bien travaillé, on enlève le cordon et lui donne pour sa peine une partie de son gibier. Voilà comment on se sert de cet oiseau en Amérique. Voyons comment on va s'en servir en Chine.

Un homme monte sur sa barque ayant à bord une petite armée de cormorans dressés à ce métier. Au moment convenable, le batelier donne un signal; tous les plongeurs se jettent à l'eau et vont se poster à d'égales distances pour que chacun ait à peu près les mêmes chances et que toute l'étendue du lac soit complètement explorée. Pendant quelques instants, les oiseaux plongent, remontent et plongent encore. Quand un d'eux a réussi, il rapporte en triomphe sa proie sur le bateau et retourne à la pêche. Puis un second, un troisième, tous, tour à tour, accomplissent la même mission. Quand le poisson pris est trop gros, ils se mettent deux pour le porter, l'un le saisit par la tête, l'autre par la queue, et les deux vainqueurs viennent de front rendre au maître ce qu'ils n'ont pas pu s'approprier; car, il faut bien le dire, les cormorans, en Chine comme en Amérique, doivent avoir le cou serré pour ne pas être gloutons. Quand ils sont fatigués, il leur est permis de se reposer, mais à condition de se remettre à l'œuvre jusqu'à ce que leur tâche soit remplie. Cela fait, on les récompense d'une partie de ce qu'ils ont pêché, et le Chinois revient sur son bateau chargé de gibier pris sans filet, sans ligne, sans hameçon.

Cet empire de l'homme sur tous les êtres d'ici-bas rappelle cette parole du Psalmiste : « Seigneur, tu as mis toutes choses à nos pieds, et les oiseaux des cieux et les poissons de la mer. » — Et nous, enrichis de tous ces dons, ne mettrons-nous pas aux pieds du Créateur la reconnaissance de sa première créature ?

L'AIGLE

L'aigle a été nommé le roi des oiseaux, comme le lion le roi des quadrupèdes. J'en suis fâché pour les rois de l'espèce humaine, car cette confrérie ne leur fait pas honneur. Ce n'est pas roi, c'est tyran qu'il faudrait dire. Vivre solitaire sur un roc escarpé, expulser des alentours ses semblables, s'élancer sur les passants, les saigner, les déchirer à coups de bec et de griffes, manger leur chair, boire leur sang et rentrer dans sa demeure à travers tout un peuple consterné, ce n'est pas régner, c'est se faire craindre et haïr. Si l'aigle n'excitait que la terreur de ceux qui le nomment roi, je ne disputerais pas sur le nom, et je dirais : Appelez-

le comme bon vous semblera, pourvu qu'il soit entendu entre nous que c'est un oiseau rapace, insociable, violent et parfois lâche comme son collègue le lion. Mais ce qui me vexe, c'est qu'en accordant à l'aigle le titre de roi, on entende ainsi lui donner son admiration ! Tuer tous les jours et les plus forts, n'est pas plus admirable que tuer rarement et des petits. Quatre meurtres, vingt meurtres, ne sont pas plus beaux qu'un seul ; tuer un héron n'est pas plus digne d'éloge que tuer un passereau. Etonnez-vous donc, si vous voulez, de la force de l'aigle, mais n'ayez pas pour son brigandage une sotte admiration.

Pour être parfaitement juste, il faut dire que l'aigle n'est digne ni d'éloge, ni de blâme ; l'aigle, comme la tourterelle, suit ses instincts irrésistibles ; il ne saurait faire autrement : la faim le presse, la force le seconde, et aucune conscience ne l'arrête. En saignant sa proie, en dévastant la contrée, l'aigle ne fait donc ni bien ni mal ; il n'est ni vertueux ni criminel ; il est l'instrument d'un Créateur dont il ne nous est pas toujours facile de comprendre les plans. Ce qui est admirable, c'est la correspondance qui se trouve entre toutes les parties de cette machine vivante : cet appétit vorace, qui ne veut que de la chair fraîche, arrachée aux oiseaux les plus forts, est merveilleusement servi par ce bec dur et crochu, ces griffes puissantes et acérées, cette force musculaire, cette rapidité de vol, cette profondeur de vue dont cet animal est doué. Retranchez un de ces dons, et l'aigle tombe victime de ceux même qui sont sa proie. Cela est tellement vrai que souvent l'aigle ne meurt pas de vieillesse, mais de faim, parce que son bec s'est usé durant un siècle et qu'il n'est plus assez tranchant pour déchirer son gibier. Ici, comme partout, admirons le Créateur et non pas la créature. Nous ne devons de préférence aux animaux qu'en raison de leur utilité. Vous est-il jamais venu dans l'esprit qu'on pût mettre un chien aux galères ou lui décerner un prix Monthyon? Non, sans doute. Mais tout ce qu'on peut faire, c'est d'accorder un prix au coursier le plus rapide, au bœuf le plus gras, à la poule la plus dodue; et encore ce prix est-il pour l'homme qui élève la bête et non pour la bête qui s'est laissé élever. Mais revenons à l'aigle, et pour être juste envers lui, nous ne lui reprocherons pas plus l'expulsion de ses petits encore faibles, mais déjà trop voraces pour les nourrir, que nous ne l'applaudirons pour son vol élevé, la pénétration de son regard et la portée de sa vue. Nous ne le blâmerons même pas pour ses vols d'enfants... Oui, plus d'une fois, ces aigles affamés sont venus chercher près de nos habitations une proie humaine. On raconte qu'un d'eux ayant porté dans son nid le nourrisson d'une pauvre femme, il ne se trouva pas un homme dans le voisinage assez courageux pour aller sur le rocher escarpé chercher la jeune victime entre les serres du brigand ailé. Et savez-vous qui eut ce courage? Ce fut la mère de l'enfant qui, s'aidant de ses pieds, de ses mains, parvint où personne n'avait osé monter; elle y trouva son fils; mais, hélas! son fils étouffé!

A la force, l'aigle joint, s'il le faut, la ruse; on l'a vu même s'attaquer à des bœufs. Voici comment. L'aigle commence par se plonger dans l'eau; puis, tout mouillé, vient se rouler sur le sable, de telle sorte qu'il emporte ses plumes toutes poudrées de poussière et de petits graviers. Ainsi armé pour le combat, l'aigle vient voltiger autour du taureau, le frappe de ses ailes, lui jette le sable dans les yeux, le poursuit, le tourmente jusqu'à ce que l'énorme animal, devenu furieux, se mette à courir, bondir, frapper le vide de ses cornes ; alors la victime, épuisée de fatigue, tombe sur le sol. A ce moment, l'aigle change d'allure, enfonce ses griffes dans les parties les plus tendres du vaincu ; de son bec fait la première blessure et finit par pénétrer jusqu'aux entrailles de son énorme adversaire.

Une fois, cependant, l'aigle, qui ne craint pas d'attaquer un bœuf, succomba sous l'étreinte d'un combattant bien plus faible que lui. Un chat, un simple chat l'a vaincu. Ecoutez ce récit. Un aigle avait enlevé un minet mollement étendu au soleil les pattes en l'air. Le chat, une fois dans les airs, soit pour se défendre, soit pour prévenir une chute, enfonça ses griffes sous les ailes de l'aigle et les enfonça si profon-fondément, que le ravisseur incommodé dut songer à se débarrasser ; l'aigle lâcha prise du haut des espaces ; mais le chat ne trouva pas le moment bien choisi pour rentrer en liberté ; il enfonça donc ses crochets plus avant dans les chairs de son tyran pour l'obliger à descendre sur terre ; à la fin l'aigle, gêné dans son vol, épuisé dans ses forces, reploya ses ailes, alors victime et bourreau pirouettèrent dans le vide et vinrent tomber dans un champ ou l'aigle fut pris et le chat délivré.

Heureusement que la femelle n'élève par année qu'un ou deux petits, qui, par compensation, peuvent vivre cent, cent vingt et même cent quarante ans ! Le vol de l'aigle est si rapide et la force de ses ailes si grande, qu'il peut parcourir de 40 à 50 lieues, non par jour, mais par heure ! Quatre ou cinq fois plus rapide qu'un train *express !* Le seul coursier qui devance l'aigle, c'est l'électricité.

Cela ne vous donne-t-il pas un peu l'envie de voler comme un aigle ? Eh bien ! soit ; supposons que vous puissiez vous élever dans l'espace, traverser la France, l'Europe, l'Amérique, accomplir le tour du monde entre votre déjeuner et votre dîner ; que feriez-vous ?

— Je ferais de longs voyages.

— Et ensuite ?

— Je monterais sur les Alpes, je franchirais l'Océan, j'irais visiter la Chine.

— Et ensuite?

— Mais, c'est bien assez !

— Et, croyez-vous qu'après ces courses aériennes vous seriez beaucoup plus heureux ? Parce que vous auriez vu de la terre à trois mille lieues d'ici, de l'eau dans un autre hémisphère, des hommes à nos antipodes, pensez-vous que cette terre, cette eau, ces hommes fussent bien différents de Montmartre, de la Seine et des Parisiens? Non, mes amis, c'est partout à peu près la même chose; il n'y a qu'une seule chose vraiment nouvelle... dans toute la création.

— Laquelle?

Un cœur renouvelé par Dieu. Demandez-le-lui ; et, avec le doux esprit de la colombe, vous serez plus heureux qu'avec le vol de l'aigle, son bec, ses griffes et sa voracité.

LE SECRÉTAIRE

Le secrétaire tire son nom des plumes qu'il porte couchées derrière l'oreille, comme les hommes de bureau. Mais là n'est pas ce qui m'intéresse dans cet oiseau. Sa profession n'est pas d'écrire; c'est d'exécuter les animaux venimeux comme les serpents; il remplit si bien sa tâche, que dans tel pays où il rend ce service on l'appelle le tueur de serpents, nom qui lui va mieux que celui de secrétaire. Voici comment il s'y prend pour nous débarrasser de ces dangereux empoisonneurs. Du haut des airs il cherche, sur la terre, son rampant ennemi; dès qu'il l'a découvert, il s'approche sans se montrer, attend que le reptile lève la tête, et alors, de son aile vigoureuse, il lui donne un soufflet, mais si bien appliqué que l'autre joue va se meurtrir contre la terre. Cela fait, l'assaillant se retire à quelques pas en observation. Le serpent relève le tête, reçoit un autre coup de l'autre côté, et si violent que d'ordinaire il ne bouge plus. Toutefois l'oiseau, plus prudent que le serpent, saisit le reptile avec ses deux pattes, le transporte à une grande hauteur dans les airs et le laisse tomber en terre où la bête, déjà deux fois meurtrie, reçoit, par sa chute, un troisième coup qui l'achève. Alors le secrétaire s'approche de nouveau et de son bec pique et repique la tête du monstre venimeux.

Cet oiseau courageux, non moins qu'habile, est cependant d'un caractère facile auprès d'autres animaux ; par ses mœurs, il ressemble plus à la poule qu'au serpent ; et on en a même vu un dans une basse-cour, vivre en bonne intelligence avec toute la société, excepté avec les reptiles qu'il pouvait découvrir. Cet instinct ne semble-t-il pas nous désigner le secrétaire comme le gardien de nos volailles ? Quant à moi, je ne mets pas en doute qu'il n'ait été créé pour nous servir. Croiriez-vous qu'on l'a vu remplir des fonctions bien plus hautes que celles de destructeur des serpents? Oui, dans cette même basse-cour dont je vous parlais, quand deux poules se disputaient, le secrétaire venait les séparer; c'était un vrai juge de paix. J'ai bien vu des enfants rire d'une bataille entre leurs camarades; j'en ai vu d'autres prendre parti pour l'un des deux combattants, surtout pour le plus fort; mais séparer deux batailleurs, non je n'ai encore rencontré parmi les enfants qu'un oiseau assez charitable pour cela.

L'OISEAU-LYRE

Je n'ai pas besoin de vous décrire cet oiseau, vous l'avez déjà reconnu dans la gravure; je vous le donne ici, non pour vous apprendre rien de bien intéressant à son sujet, mais pour vous montrer l'élégance de sa parure. Comme le paon fait la roue, lui fait la lyre. Est-ce pour le plaisir de se voir? Je le croirais, s'il regardait en arrière. J'aime mieux supposer que son ornement lui fut donné pour récréer les yeux de l'homme, dominateur du monde entier.

L'AUTRUCHE

Voici bien l'oiseau le plus merveilleux de la terre! Il ne vole pas, il marche, ou plutôt il court. Monté sur deux jambes, comme sur deux échâsses, il avance avec la rapidité des habitants des Landes. Que dis-je? il court si vite, que le meilleur cheval arabe ne peut lui tenir pied. Ses courtes ailes l'aident plutôt à diriger sa course qu'à la hâter.

L'autruche a sept pieds de hauteur et ne ressemble pas mal à un cheval monté par son cavalier. Aussi, dans quelques contrées, on s'en sert comme d'une monture. On a vu même deux personnes escalader son dos, s'accrocher à son cou, et l'autruche, ainsi chargée, faire à la course, le tour d'un village. Cet animal n'est pas difficile dans le choix de ses aliments ; pour mieux dire, il ne les choisit pas ; il accepte tout, il avale cuivre, fer, cailloux, et même le verre! Tout cela dans son estomac se mêle, s'émousse, se dissout en partie et s'assimile à son corps. On a pesé des pièces de monnaie qui avaient ainsi traversé l'autruche ; elles avaient perdu le tiers de leur poids! Ne croyez pas, toutefois, que ce soit par gloutonnerie. Outre qu'on peut supposer que ces étranges aliments nourrissent mieux l'autruche qu'ils ne nous nourriraient nous-mêmes, il est à croire qu'ils lui servent à autre chose qu'à l'engraisser. On pense que pour faciliter sa course, ce voyageur a besoin d'avoir l'estomac rempli, et que, poussé par cette nécessité, il se charge de lest comme un navire.

La première inutilité de l'autruche, c'est de fournir des plumes à la toilette des femmes sauvages. On dit même que les dames civilisées en portent aussi à l'exemple de leurs sœurs négresses et cannibales. La parure est de tous les pays.

Bien que la chair de l'autruche ne soit pas tendre, quelques peuplades en font leur nourriture. Un empereur romain eut même la fantaisie d'en goûter et se fit servir dans un plat six cents cervelles d'autruche. Vous voyez que la fantaisie se mêle aussi bien à la table qu'à la toilette. Il suffit de n'avoir besoin de rien pour avoir envie de tout. Le moyen de modérer nos désirs, c'est de n'avoir pas complétement ce qu'il nous faut. Bénissez donc Dieu, mes amis, de vous avoir placés dans la bienheureuse médiocrité. Si vous étiez riches, vous auriez le désir de vous couvrir des plumes de l'autruche ; et si vous étiez empereurs, vous auriez peut-être aussi le caprice de vous nourrir de sa cervelle. Je voudrais que tous ceux qui portent les plumes et mangent la cervelle de l'autruche fussent condamnés à la chasser eux-mêmes ; et je vais leur dire comment on s'y prend.

Quand des chasseurs arabes, montés sur leurs bons

petits chevaux, aperçoivent de loin une autruche, au lieu de s'élancer après elle au galop, ils trottent d'un pas modéré pour ne pas lui faire peur. Quand l'autruche s'est habituée à se voir suivie par les cavaliers, elle prend confiance, ralentit sa marche, et les Arabes hâtent la leur, de manière à diminuer la distance. Quand ils sont assez près, l'oiseau s'effraie, prend sa course; mais, chose étrange, l'autruche prend sa course en rond, si bien que les chasseurs, au lieu de marcher sur ses traces, restent dans l'intérieur du cercle, tournent sans fatigue dans une petite circonférence, et surveillent ainsi leur proie qui continue à courir et à se fatiguer. Pour avoir encore plus d'avantages sur la bête, les hommes se partagent cette tâche : un seul tourne, les autres se reposent; quand le premier cavalier est las, un de ses compagnons le remplace et continue la chasse commencée. L'autruche a une force telle qu'elle peut soutenir cette lutte pendant deux ou trois jours sans manger ni s'arrêter. Enfin, épuisée, elle tombe et se laisse prendre.

Si cette méthode ne plaît pas à nos porteurs de plumes et mangeurs de cervelles, je dois leur en indiquer une autre. Ici l'homme, au lieu de monter à cheval, se revêt d'une peau d'autruche. Il enfile un de ses bras dans le long cou de ce costume, et de sa main il imprime à la tête du mannequin tous les mouvements naturels à bête vivante. Ainsi déguisé en autruche, l'homme va courir le désert, il rencontre un troupeau de sa nouvelle famille, jette son cou d'autruche, c'est-à-dire son bras d'homme autour d'une de ses parentes improvisées qui se trouve prise. On lui coupe la tête et l'on tire de son corps le parti que je vais vous détailler. De la peau d'abord, on se fait une veste si solide, si résistante, qu'on s'en sert comme d'une cuirasse dans les combats. De sa chair, on nourrit les hommes, de ses plumes on orne les femmes ; ou mieux encore, on conserve l'autruche vivante, on mange ses œufs dont un seul donne à dîner à quatre personnes, et l'on monte l'oiseau en guise de coursier. Ainsi, qu'on le tue ou qu'on le garde, on tire de cet animal un excellent parti.

On a dit que l'autruche était mauvaise mère ; c'est une calomnie, ou du moins une erreur dont voici probablement la cause. L'autruche pond ses œufs, non pas dans un nid, mais sur le sol du désert ; elle se contente de les couvrir de sable et s'enfuit ; mais s'enfuit pour revenir. Comme la terre en Afrique est assez chaude, pendant le jour, pour couver les œufs sans le secours de la mère, celle-ci en profite pour aller chercher sa nourriture et revient continuer l'œuvre que le soleil a commencé.

Et ce n'est pas seulement pour ses petits que l'autruche se montre compatissante. Voici un exemple qui montre qu'elle est capable d'affection envers tous ses semblables. Deux autruches vivaient ensemble au Jardin des Plantes à Paris sous un toit de verre qui fut brisé ; un des hôtes mangea les débris tombés ; il avala un morceau si grand, qu'il en mourut d'indigestion, et le survivant, attristé, en mourut de chagrin.

Chers amis, je pourrais, en terminant, vous faire bon nombre d'utiles réflexions ; mais, comme je sais que vous ne les liriez pas, j'aime mieux les supprimer. J'espère que vous profiterez des leçons que vous ont offertes des oiseaux. Si tous ces précepteurs ne vous ont pas présenté des exemples à suivre, tous, du moins, vous ont donné sujet de bénir Celui qui les a fait naître pour charmer vos yeux, fournir votre table, traîner vos voitures, vêtir votre corps et vous amuser à lire leur histoire.

TABLE DES MATIÈRES.

AMIENS. — IMP. DE T. JEUNET.

www.ingramcontent.com/pod-product-compliance
Ingram Content Group UK Ltd.
Pitfield, Milton Keynes, MK11 3LW, UK
UKHW021106260726
13994UKWH00002B/743

9 782329 311715